Josef Fojcik

AF130184

eine Propädeutik zur Primzahlen

Meine Primzahlen

Kompakte Darstellung

Josef Fojcik

8. Mai 2016

Auflage Nr.6

*Essen NRW

für Meine

Herstellung und Verlag:
BoD - Books on Demand, Norderstedt
ISBN 978-3-7357-3913-1

Inhaltsverzeichnis

1 Einladung

Die Geheimnisse der Primzahlen beschäftigen die Menschheit seit Jahrtausenden.

Schon in der Antike bewies Euklid die Unendlichkeit der Primzahlen.

Aber bis jetzt ist eine Formel, die nur Primzahlen erzeugt, trotz intensiver und verzweifelter Versuche, noch nicht gefunden.

Verbirgt sich hinter den Primzahlen eine geheime Botschaft, ein Hinweis zur Verständnis der Welt? Was könnte hinter den Primzahlen stecken? Könnte man mit ihnen die Gesetze der Natur erklären? Viele Mathematiker versuchen die geheime Bedeutung der Primzahlen zu entzaubern.

Die Antwort könnte möglicherweise eine Art Naturgesetz sein, eine Art kosmische Formel, ein Schlüssel zu den Wundern der Natur.

Manche gehen sogar so weit, darin den Code des Schöpfers zu sehen.

Kurzum: Für den Einen bedeuten sie eine Offenbarung Gottes, für die Anderen einen Code, der die Gesetze des ganzen Universums entschlüsseln kann!

Die Primzahlen, die sich auf keine, sogar einfachste Weise, anordnen lassen, stellen das faszinierendste Objekt in der Zahlentheorie, wenn nicht sogar in der ganzen Mathematik, dar.

Primzahlen sind natürliche (ganze positive Zahlen) Zahlen, die nur durch Eins und durch sich selbst teilbar sind.

Ihre mysteriöse Abfolge beginnt mit (1), 2, 3, 5, 7, 11, 13 . . . . ..

1 Einladung

Sie tauchen rein zufällig auf, eine Regelmäßigkeit ist nicht zu erkennen.

Andererseits können Primzahlen auch sehr gefährlich sein. Ähnlich wie es Pharao´s Fluch gibt, gibt es in Bereich der Primzahlen auch vergleichbare Phänomene.

Deswegen vermeiden manche Mathematiker den Umgang mit den Primzahlen. Besonders die Riemannsche Vermutung hat einige Mathematiker in den Wahnsinn getrieben. Ihre bekanntesten Opfer sind John Nash und Srinivasa Ramanujan.

2 Einführung

Was ist eigentlich eine Primzahl?
Bevor wir eine mehr oder weniger korrekte Antwort geben können, müssen wir zunächst andere grundlegende Fragen beantworten:

1. Wie wird eine Definition definiert?
2. Was ist eine Zahl?

Ad.1. Eine Definition stellt, eine Sammlung von präzisen Begriffen (nicht zu viel, nicht zu wenig), die ein Objekt klar und eindeutig identifiziert, dar und diese auch so kurz wie nötig dargestellt werden muss. Also wenn eine Aussage nur ein Wort zu viel beinhaltet, ist die Definition nicht ganz korrekt.
Wenn wir der ersten Definition
„Eine Primzahl ist eine natürliche Zahl, die nur zwei Teiler hat" folgen, werden wir sofort mit der ersten Schwierigkeit konfrontiert: Ist das Wort „nur" notwendig? Wenn nicht, dann beinhaltet die Aussage einen überflüssigen Begriff und ist somit in dem Sinne keine korrekte Definition. Ferner: Müssen die beiden Teiler näher bestimmt werden oder ist das eine Selbstverständlichkeit?

Ad.2. Zahlen sind abstrakte mathematische Objekte, die u.a. Quantitäten (Anzahlen, Differenzen, Großverhältnisse, ...) darstellen und z.B. zum Zählen, Ordnen, Messen und Rechnen verwenden werden. [12] Die ganz „simplen" Zahlen, die ganzen und positiven Zahlen werden natürliche Zahlen genannt.
Warum heißt die Zahl Primzahl - die Bezeichnung kommt aus dem Lateinischen: **Numerus Primus** und bedeutet Die erste Zahl, wenn es sich dabei um die Bedeutung aller Zahlen handelt.

2.1 Definitionen

Eine der Definitionen haben wir bereits kennengelernt, weitere folgen:

- Eine Primzahl ist eine natürliche Zahl, die größer als 1 ist und die, außer durch 1 und durch sich selbst, durch keine weitere natürliche Zahl teilbar ist,

- Eine Primzahl ist ein natürliche Zahl, die sich nicht als Produkt zweier natürlicher Zahlen, die beide größer als 1 sind, darstellen lässt.

- Eine natürliche Zahl, die sich nicht ganzzahlig teilen lässt, heißt Primzahl.

Die letzte Definition, die auch vom Autor akzeptiert wird, benötigt einer Begründung:

1. Sie ist allgemein verständlich, ganz egal, ob der Leser ein Laie ist oder Mathematik berufsmäßig ausübt.

2. Der Begriff Teiler[1], der auch in der anderen Definition vorkommt, allein wie schon der Name besagt, soll eine gegebene Größe teilen, also kleiner machen. Aber die Eins macht das nicht!

---

[1]Der Teiler wird streng wissenschaftlich anders definiert.

Als Ergänzung folgt noch eine persönliche Definition des Autors:

Eine Zahl ist dann prim, wenn das Produkt aller ihrer Teiler wiederum diese Zahl ergibt.

$$N \in \mathbb{N} \quad \boxed{\prod_{n=1}^{N} \{n \mid N\} = N \Rightarrow N \in \mathbb{P}}$$

Diese Definition stützt auch die Meinung desjenigen, für den die Eins auch eine Primzahl ist.
Die Primzahlen bauen sich wie folgt auf:

$$1, 2, 3, 5, 7, 11, 13, 17, 19, 23, 29, 31, 37, 41, 43, 47, 53, 59, 61, 67, 71, 73, 79...$$

Bei der Gelegenheit möchte ich noch meine persönliche Definition der **Mathematik** präsentieren:

Definition MATHEMATIK :

Mathematik ist die Lehre von Beziehungen und Verhältnissen zwischen Zahlen im expliziten und impliziten Formen.

Eines der berühmtesten Beispiele ist der Satz des Pythagoras, welcher die Beziehungen zwischen den Seiten im rechtwinkligen Dreieck bestimmt. Die Seiten haben keine beliebigen Längen, sondern stehen im streng geordneten Verhältnis zueinander:

$$\boxed{a^2 + b^2 = c^2}$$

2.2 Warum sind Primzahlen so wichtig

Sie sind die Grundbausteine in der Welt der Zahlen. Analog zur Chemie, wo jeder Stoff selbst ein Element ist oder aus mehreren chemischen Elementen besteht, so auch ist in der Welt der Mathematik jede natürliche Zahl entweder eine Primzahl oder ein Produkt derselben. Diese Aussage gilt als **Der Hauptsatz der Zahlentheorie**, der da ganz korrekt lautet:

Jede natürliche Zahl, ungleich eins lässt sich auf eine und nur auf eine einzige Weise als Produkt von Primzahlen darstellen. z.B:

$$18 = 2 * 3^3$$
$$4116 = 2^2 * 3 * 7^3$$

Wie kann man auf den ersten Blick erkennen, ob es sich um eine Primzahl handelt oder nicht?

Erstens: Eine Primzahl darf keine gerade Zahl sein. Gilt nicht für die Zwei, die übrigens die kleinste Primzahl ist.

Zweitens: Wenn eine Zahl nicht auf die Ziffern: 1, 3, 7, 9 endet, kann es sich nicht um eine Primzahl handeln. Ausnahmen: Die schon erwähnte Zahl 2, sowie die Zahl 5. Aber nicht jede natürliche Zahl mit den Endziffern 1, 3, 7, 9 ist eine Primzahl! Weitere Erkennungsverfahren werden in einem separaten Kapitel behandelt.

Am Ende der Einführung noch eine allgemeine Frage: Ist die Menge der Primzahlen unendlich?

3 Gibt es unendlich viele Primzahlen ?

Die Antwort ist ja.

3.1 Euklid Beweis

Der älteste Beweis (ad absurdum) von Euklid:
Diese Methode beruht auf der Aufstellung einer Anfangsbehauptung, die wir zum Widerspruch bringen werden um dadurch das Gegenteil zu beweisen.
Anfangsannahme: Die Menge der Primzahlen *ist nicht unendlich.*
In diesem Fall ist die Menge begrenzt, was logischerweise zur Folge hat: Es muss eine größte Primzahl p_m geben. Wenn es uns nun gelänge eine größere Primzahl zu finden, dann ist die Anfangsannahme falsch und das Gegenteil wahr. Doch wie ist diese „größte" Primzahl zu finden? Gewiss handelt es sich hier um eine natürliche Zahl, die auch, wie alle andere natürlichen Zahlen als Primzahlprodukt darstellbar ist. Um ganz sicher zu gehen, dass die neue Primzahl größer ist als die bisher uns bekannte Größte p_m , bedienen wir uns der Produktfaktoren aller uns zur Verfügung stehenden Primzahlen: von 2 bis p_m:

$$\mathbf{P} = 2 * 3 * 5 * 7... * p_i * ...p_m$$

Offensichtlich ist das Produkt P größer als p_m , aber leider ist dieses auch durch alle Primzahlen restlos teilbar und somit eine Zusammengesetzte, keine neue Primzahl.

An dieser Stelle empfiehlt es sich einem genialen Gedanken des Euklid zu folgen.

Er addierte einfach eine Eins zu unserem Produkt P.

Die auf diese Weise erzeugte Zahl:

$$\mathbf{N} = 2 * 3 * 5 * 7... * p_i * ...p_m + 1$$

ist immer noch größer als p_m und offensichtlich durch keine existierende Primzahl teilbar, da beim Teilen stets der Rest mit dem Wert 1 übrig bleibt.

Die Zahl **N** ist eine natürliche Zahl und muss, wie auch alle anderen natürlichen Zahlen die Voraussetzungen der Zahlentheorie, - **Jede natürliche Zahl ist eine Primzahl oder ein Produkt von Primfaktoren** , erfüllen.

Wenn **N** eine Primzahl ist, dann haben wir sofort eine größere Primzahl gefunden, als die bisher uns Bekannte und damit die Anfangsannahme zum Widerspruch gebracht.

Ist die Zahl **N** eine zusammengesetzte Zahl, dann trifft es ebenfalls zu, denn mindestens ein Faktor aus denen die Zahl besteht ist prim, welcher nicht aus der Menge der existierenden Primzahlen stammt (Aufgrund der Teilung mit dem Restwert 1). Daraus folgend muss diese auch größer als alle bisher bekannten Primzahlen inklusive p_m sein.

Dadurch haben wir eine neue, sozusagen „größte" Primzahl **N** (oder ihren Primfaktor, der auch größer als p_m ist) gefunden. Nach diesem Algorithmus können wir immer neue noch größere Primzahlen produzieren, was nichts anderes bedeutet, als dass die Menge der Primzahlen **unendlich ist.**

3.2 Euler Beweise (2)

Die eulerschen Beweise sind aufwendiger und komplexer als die des Euklid, aber im Grunde genommen auch relativ einfach. Er hat ein besonderes Produkt von Primzahlen konstruiert (Das Euler Produkt). Es wurde mit der harmonischen Reihe, die übrigens ein Son-

derfall der Zeta Funktion ist, verglichen. Beide Beweise sind nur mit
der Zeta Funktion verbunden.

$$\zeta_{(s)} = 1 + \frac{1}{2^s} + \frac{1}{3^s} + \frac{1}{4^s} + \frac{1}{5^s} \cdots$$

Für $s = 1$ erhalten wir eine harmonische Reihe.
Für $s = 2$ bewies Euler, für jedermann vollkommen überraschend,
den Summenwert $\frac{\pi^2}{6}$.
Für $s = a+ib$ (komplexe Zahl) haben wir es zu tun mit der berühmten
Riemannschen Zetafunktion.

3.2.1 Euler-Produkt

Euler war der erste, der einen Zusammenhang zwischen der ζ-Funktion(Zeta-
Funktion) und den Primzahlen erkannte.

$$\prod_{p\,prim} \frac{1}{1 - p^{-x}} = \sum_{n=1}^{\infty} \frac{1}{n^x} = \zeta(x)$$

In dem Beweisvorgang werden drei mathematische Objekte ange-
wendet:

- Hauptsatz der Zahlentheorie - den haben wir schon kennengelernt(2.2),

- Die harmonische Reihe.
  Das ist die einfachste Reihe überhaupt. Sie entsteht durch Addition der Kehrwerte der natürlichen Zahlen.

$$1 + \frac{1}{2} + \frac{1}{3} + \frac{1}{4} + \frac{1}{5} \cdots$$

Sehr wichtig zu beachten ist, dass diese unendliche Reihe di-
vergiert, und sie somit keinen Grenzwert hat. [4, S. 33]

- die unendliche geometrische Reihe, deren Grenzwert beträgt:

$$S = \frac{1}{1-q}$$

wobei $q < 1$ Quotient der Reihe.

Wie kann man eine Summe von natürlichen Zahlen als Produkt darstellen?

Nach dem Hauptsatz der Zahlentheorie kann man jede natürliche Zahl als Produkt von Primzahlen darstellen:

$$n = 2^{k_1} * 3^{k_2} * 5^{k_3} \cdots$$

wobei gilt $k_1, k_2, ... k_n = 0, 1, 2, ...$

Ebenfalls als Produkt lassen sich die Glieder der Reihe von natürlichen Zahlen darstellen:

$$R_n = 1 + 2 + 3 + 4 + 5 + 6 + 7 + 8 + 9 + 10...$$

$$R_n = 1 + 2 + 3 + 2^2 + 5 + 2*3 + 7 + 2^3 + 3^2 + 2*5...$$

Das ist eine unendliche, divergente Reihe (ohne Grenzwert), die sich nicht umformen lässt.

Anders sieht es aus, wenn wir von dieser Reihe den inversen Wert betrachten. Dann erhalten wir, eine uns bekannte, harmonische Reihe. Alle Nenner der Reihe kann man, nach dem Hauptsatz der Zahlentheorie, durch ein Primzahlen Produkt ausdrücken.

$$R_i = 1 + \frac{1}{2} + \frac{1}{3} + \frac{1}{2^2} + \frac{1}{5} + \frac{1}{2*3} + \frac{1}{7} + \frac{1}{2^3} + \frac{1}{3^2} \cdots$$

Bei der unendlichen Reihe können wir die Glieder beliebig gruppieren:

$$R_i = 1 + \frac{1}{2} + \frac{1}{2^2} + \frac{1}{2^3} \cdots + \frac{1}{3} + \frac{1}{3^2} + \frac{1}{3^3} + \cdots + \frac{1}{5} + \frac{1}{5^2} + \frac{1}{5^3} \cdots + \frac{1}{2*3} + \frac{1}{2*5} \cdots$$

Wir bilden nun ein Produkt der inneren Reihen:

$$R_p = \left(1 + \frac{1}{2} + \frac{1}{2^2} + \frac{1}{2^3} \cdots\right)\left(1 + \frac{1}{3} + \frac{1}{3^2} + \frac{1}{3^3} \cdots\right)\left(1 + \frac{1}{5} + \frac{1}{5^2} + \frac{1}{5^3} \cdots\right)$$

und hoffen, dass wir nach der Multiplikation, wieder eine harmonische Reihe R_i bekommen. Die partiellen Reihen stellen jeweils eine geometrische Reihe dar, mit dem Grenzwerten dar:

$$R_p = \left(\frac{1}{1 - \frac{1}{2}}\right)\left(\frac{1}{1 - \frac{1}{3}}\right)\left(\frac{1}{1 - \frac{1}{5}}\right) \cdots \left(\frac{1}{1 - \frac{1}{p_p}}\right)$$

Anschließend kann man die allgemeine Formel wie folgt darstellen:

$$R_p = R_i = \prod_{p\,prim} \frac{1}{1 - p_p^{-1}} = \sum_{n=1}^{\infty} \frac{1}{n} = \zeta(x = 1) \qquad (3.1)$$

für $x = 2$ bekommen wir folgende Reihe:

$$R_{p^2} = \prod_{p\,prim} \frac{1}{1 - p_p^{-2}} = \sum_{n=1}^{\infty} \frac{1}{n^2} = \zeta(2) \qquad (3.2)$$

3.2.2 Die Beweise

Der erste Beweis
Die Divergenz der harmonischen Reihe:

$$\sum_{n=1}^{\infty} \frac{1}{n}$$

$$\prod_{p\,prim} \frac{1}{1 - p_p^{-1}} = \sum_{n=1}^{\infty} \frac{1}{n} = \zeta(x = 1)$$

führt zwangsläufig zu dem Schluss, dass das Produkt unendlich ist; also muss es ebenfalls unendlich viele Primzahlen geben. [4, S. 74]

Der zweite Beweis

Mit dem Resultat für $x = 2$ (der Zeta Funktion) erhalten wir:

$$\prod_{p\,prim} \frac{1}{1 - p_p^{-2}} = \sum_{n=1}^{\infty} \frac{1}{n^2} = \zeta(2) = \frac{\pi^2}{6}$$

wobei die linke Seite eine rationale Zahl wäre, wenn es nur endlich viele Primzahlen gäbe. Da aber $\frac{\pi^2}{6}$ irrational ist, können wir ein weiteres Mal schlussfolgern, dass es unendlich viele Primzahlen gibt. [4, S. 74]

3.3 Seltsamer Beweis

Schauen wir uns noch mal den Eulerschen Beweis an. Eigentlich kommt der Beweis zu Stande als ein konsequenter Vergleich des Eulerschen Produkts und der harmonischen Reihe. Genauer gesagt werden die Nenner der harmonischen Reihe mit den Nennern des Eulerschen Produkts verglichen. Oder anders: die unendliche Menge der Nenner der harmonischen Reihe soll beweisen, dass es ebenfalls eine unendliche Menge von Primzahlen gibt.

Jedoch kann man nach demselben Prinzip auch behaupten:

weil die Menge der natürlichen Zahlen, die sich jeweils *nur* als Produkt von Primzahlen ausdrücken lassen, unendlich ist, muss es auch unendlich viele Primzahlen geben, welche die Natürlichen Zahlen darstellen!

$$R_n = 1 + 2 + 3 + 4 + 5 + 6 + 7 + 8 + 9 + 10...$$
$$R_n = 1 + 2 + 3 + 2^2 + 5 + 2*3 + 7 + 2^3 + 3^2 + 2*5...$$
$$R_n = 1 + 2 + 3 + 2^2 + 5 + 2*3 + ... + p_{i-1}*p_i*p_{i+1}...$$

Diese unendliche Reihe beinhaltet unendlich viele natürliche Zahlen und damit beinhaltet sie auch unendlich viele Primzahlen.

4 Wie Primzahlen entstehen

Die Suche nach einer Formel, die nur Primzahlen erzeugt, wird mit der Suche nach dem heiligen Gral verglichen und das ist das größte Mysterium der Zahlentheorie, wenn nicht sogar das der ganzen Mathematik!

Bis heute gibt es noch keine Formel zur Ermittlung der Primzahlen. Noch niemand hat ein Muster in ihrem Auftreten gefunden, deshalb muss man sich andere Hilfsmittel zur Ermittlung der Primzahlen zu Hilfe nehmen.

4.1 Sieb des Eratosthenes

Eines davon ist das sogenannte Sieb des Eratosthenes, benannt nach dem griechischen Mathematiker Eratosthenes von Kyrene. Griechischer Gelehrter und Dichter aus Kyrene, * um 275 v. Chr., † um 195 v. Chr.; Leiter der Bibliothek von Alexandria, bezeichnete sich selbst als den ersten Philologen; er berechnete annähernd richtig den Umfang der Erdkugel aus den Sonnenhöhen an 2 Punkten des gleichen Meridians und entwarf eine Erdkarte; erzählende Gedichte: "Hermes", Ërigone". (Quelle: www.wissen.de)

Sieb des Eratosthenes Anleitung: [3] Man schreibt die Zahlen bis z.B. 100 auf (am übersichtlichsten in Reihen zu je 10 Zahlen). Dann "sieben"wir alle Zahlen aus, die durch eine andere Zahl als 1 oder sich selbst teilbar sind. Jene Zahlen, die übrig bleiben, sind schließlich die Primzahlen.

Schritt 1:

Die Zahl 1 kann gestrichen werden, da sie keine Primzahl ist.

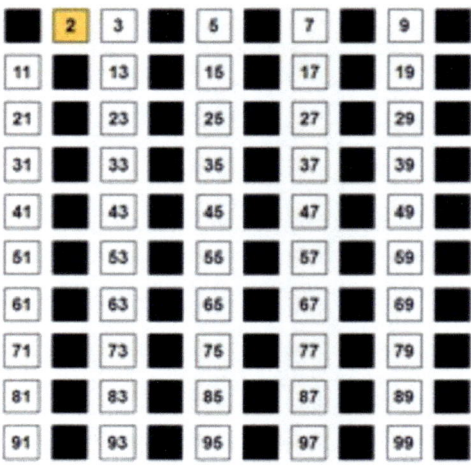

Schritt 2:

Die Zahl 2 wird angemalt, da es dich bei ihr um eine Primzahl handelt. Alle Vielfachen von 2 sind durch 2 teilbar, sind also keine Primzahlen. Deshalb können wir diese Zahlen durchstreichen (4, 6, 8, 10, ...)

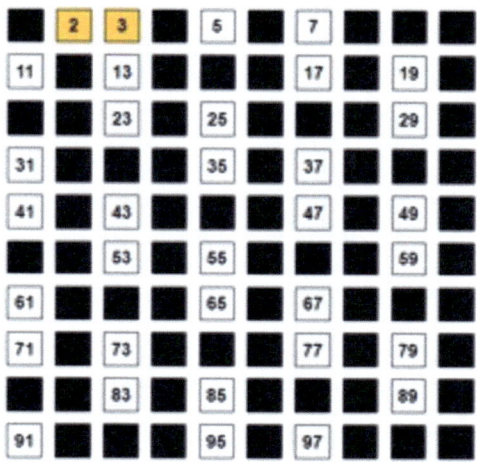

Schritt 3:
Die Zahl 3 wird ange-
malt, da es dich bei
ihr um eine Primzahl
handelt. Alle Vielfachen
von 3 sind durch 3
teilbar, sind also kei-
ne Primzahlen. Deshalb
können wir diese Zahlen
durchstreichen (3, 6, 9,
12, ...)

Schritt 4:
Die Zahl 4 ist be-
reits gestrichen, kann also übersprungen wer-
den.Die Zahl 5 wird an-
gemalt, da es dich bei ihr um eine Primzahl handelt. Alle Vielfachen von 5 sind durch 5 teilbar, sind also keine Primzahlen. Deshalb
können wir diese Zahlen durchstreichen (5, 10, 15, 20, ...)

Schritt 5:
Die Zahl 6 ist bereits gestrichen, kann also übersprungen werden.Die
Zahl 7 wird angemalt, da es sich bei ihr um eine Primzahl handelt.
Alle Vielfachen von 7 sind durch 7 teilbar, sind also keine Primzah-
len. Deshalb können wir diese Zahlen durchstreichen (7, 14, 21, 28,
...)

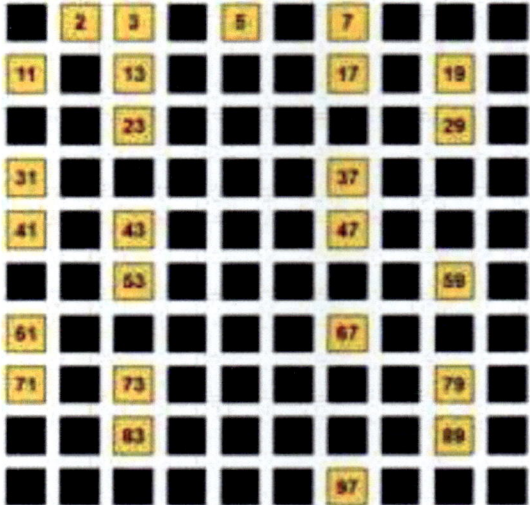

Schritt 6: Die restlichen verbleibenden Zahlen können angemalt werden, es handelt sich dabei um die Primzahlen(im Bereich 1-100)

4.2 Mersenne-Primzahlen

sind sehr wichtig, weil die größte bekannte Primzahl
$$M_{48} = 2^{57885161} - 1$$
eine Mersenne Prim ist. Nach dem im siebzehnten Jahrhundert lebenden Mönch Marin Mersenne benannten Primzahlen werden nach der Formel

$$M = 2^p - 1$$

gesucht. Deswegen gesucht, weil wir nur in seltenen Fällen als Ergebnis eine Primzahl bekommen. Zur Mersenne Zeiten waren nur elf Zahlen bekannt, darunter einige falsch als Primzahlen qualifizierte z.B: $2^{67} - 1$. Die Methode ist simpel: Ist p eine Primzahl, dann **kann** auch M prim sein.
z.B

$$p = 3 \rightarrow M_3 = 2^3 - 1 = 7 \rightarrow \text{Primzahl}$$
$$p = 7 \rightarrow M_7 = 2^7 - 1 = 128 - 1 = 127 \rightarrow \text{Prim}$$
$$p = 11 \rightarrow M_{11} = 2^{11} - 1 = 2047 = 23 * 89 \rightarrow \text{Keine Primzahl}$$

4.2.1 N.Cole Story

An dieser Stelle möchte ich aus einer genialen Geschichte [14, S. 16] zitieren:
Im Jahre 1876 bewies E.Lucas, dass eine von den Mersensse Primzahlen - $M = 2^{67} - 1$ eine zusammengesetzte Zahl ist. Bei diesem indirekten Beweis waren jedoch die Faktoren unbekannt. Wir schreiben das Jahr 1903 und befinden uns auf einem Treffen der American Mathematikal Society. Unter den Vortragenden ist Frank Nelson Cole von der Columbia University. Als er an der Reihe ist, geht Cole nach vorne, multipliziert, ohne ein Wort zu sagen, 2 siebenundsechzig mal mit sich selbst, subtrahiert 1 und erhält das monumentale Ergebnis von

147573952588676412927

Soeben Zeuge dieser gewaltigen, aber wortlosen Rechenoperation geworden, beobachtet die Zuschauerschaft perplex, wie Cole daraufhin das Produkt:

$$193707721 * 761838257287$$

an die Tafel schreibt und ebenso wortlos berechnet. Das Produkt ist nichts anders als:

$$147573952588676412927$$

Cole setzt sich wieder. Sein Auftritt hätte hervorragend in ein Pantomimentreffen gepasst.

Die Zuhörer, die gerade Zeuge der expliziten Faktorisierung der Mersennezahl $2^{67}-1$ in zwei gigantische Faktoren geworden waren, waren fürs erste genauso sprachlos wie Cole selbst und niemand stellte eine Frage. Dann brachen sie in einen Beifallssturm aus und bescherten Cole eine Standing Ovation! Das war das erste und einzige Mal in der Geschichte der AMS.

4.2.2 Lucas-Lehmer Test

Der Lucas-Lehmer-Test ist ein Primzahltest für Mersenne-Zahlen, das heißt für Zahlen der Form $M_n = 2^n - 1$. Der Test wird im GIMPS-Projekt (engl.: Great Internet Mersenne Prime Search) – der Suche nach bisher nicht bekannten Mersenne-Primzahlen – angewandt. Dieser Test beruht auf Eigenschaften der Lucas-Folgen und nicht wie der Lucas-Test auf dem kleinen Fermatschen Satz.

4.3 Fermat-Primzahlen

[12, S. 185] Sie haben die allgemeine Formel

$$F_n = 2^{(2^n)} + 1$$

Die ersten fünf dieser Reihe, nämlich die mit n von 0 bis 4, sind sämtlich prim.

Sie heißen $3, 5, 17, 257, 65537$. Man glaubte deshalb zunächst, alle Fermat-Zahlen seien prim. Aber $F_5 = 4294967297$ wurde im Jahre 1732 von Euler als zusammengesetzt entlarvt:

$$F_5 = 4294967297 = 641 * 6700417. \qquad (4.1)$$

Seitdem ist keine Primzahl in der Folge der F_n mehr gefunden worden. **Ob es grundsätzlich keine mehr gibt, ist unbekannt.**

4.4 Der Satz von Wilson

Explizit ausgedrückt:

$$\text{gilt:} \qquad (p - 1)! \equiv -1 (\text{mod p})$$

dann ist p eine Primzahl.
[9, S. 21] Die Zahl p ist dann und nur dann eine Primzahl, wenn

$$1 * 2 * 3 * ...(p - 1) + 1$$

durch p ohne Rest teilbar ist.
Dieser Satz gibt - entgegen einer vielfach verbreiteten Meinung - theoretisch die Möglichkeit zu entscheiden, ob eine Zahl prim ist oder nicht.
Den Beweis für den Wilsonschen Satz erbrachte Joseph Luis Lagrange (1736-1813).
Was ist jedoch praktisch durch den Wilsonschen Satz für die Primzahlforschung gewonnen? Nicht allzu viel; Da nämlich schon für verhältnismäßig kleine p-Werte der Ausdruck $1 * 2 * 3...(p-1)$ riesige Zahlen ergibt, wird man bei der Untersuchung der Primzahleigenschaft einer beliebigen Zahl lieber auf das Sieb des Eratosthenes oder auf den Fermat-Eulerschen Primzahlsatz zurückgreifen.
Beispiele:

$$p = 3; \quad (3 - 1)! + 1 = 3$$

Die 3 teilt unser Ergebnis 3. 3 ist prim.

$$p = 5; \quad (5 - 1)! + 1 = 25$$

Die 5 teilt unser Ergebnis 25. 5 ist prim.

$$p = 6; \quad (6-1)! + 1 = 121$$

Die 6 teilt unser Ergebnis 121 nicht. 6 ist nicht prim.

$$p = 11; \quad (11-1)! + 1 = 3628801$$

Die 11 teilt unser Ergebnis 3628801, somit ist die 11 eine Primzahl.

Jedoch ist der Satz von Wilson bei relativ großen Zahlen, aufgrund des schnellen Wachstums der Funktion N! (Fakultät), unbrauchbar. Schon für $p = 43$ ist $43! = 6,0415^{52}$ haben wir es mit einer enorm großen Zahl zu tun.

4.5 Euler Primzahl-Formel

Leonhard Euler (* 15. April 1707 in Basel; † 7. Septemberjul./ 18. September 1783greg. in Sankt Petersburg) war ein Schweizer Mathematiker und Physiker. Wegen seiner Beiträge zur Analysis, zur Zahlentheorie und zu vielen weiteren Teilgebieten der Mathematik gilt er als einer der bedeutendsten Mathematiker.

Ein großer Teil der heutigen mathematischen Symbolik geht auf Euler zurück (z. B. e, , i, Summenzeichen $\sum$, f(x) als Bezeichnung eines Funktionstermes). 1744 gab er ein Lehrbuch der Variationsrechnung heraus. Euler kann auch als einer der Begründer der Analysis angesehen werden. 1748 publizierte er das Grundlagenwerk Introductio in analysin infinitorum, in dem zum ersten Mal der Begriff Funktion die zentrale Rolle spielt.

Sogar der "große" L.Euler gab nur eine begrenzte, jedoch sehr elegante Formel, die Primzahlen generiert.

$$p = n^2 + n + 41$$

Sie liefert eine Primzahl nach der anderen für $n = 0, 1, 2...$ aber nur bis $n = 39$ dann ist Schluss. Für $n = 40$ haben wir:

$$p = 40^2 + 40 + 41 = 1681 \text{ eine zusammengesetzte Zahl } 41 * 41 = 1681$$

Es gibt noch eine andere Formel, die bis $n = 79$ achtzig Primzahlen liefert.

$$p = n^2 - 79 + 1601$$

Aber es treten diese Primzahlen doppelt auf.

4.6 Die arithmetische Primzahlfolge

Die arithmetische Zahlenfolgen sind Aneinanderreihungen von Zahlen, bei denen die Abstände zwischen je zwei aufeinanderfolgenden Gliedern gleich sind - etwa bei der Folge 5, 8, 11, 14, 17, 20. Der Abstand der Glieder beträgt hierbei jeweils 3. Vor kurzem haben zwei Mathematiker die mehr als achtzig Jahre alte Hardysche Vermutung bewiesen, daß es auch arithmetische Folgen beliebiger Länge gibt, die nur aus Primzahlen bestehen. Außerdem ist es ihnen gelungen, zu zeigen, daß es zu jeder vorgegebenen Länge sogar jeweils unendlich viele arithmetische Folgen von Primzahlen gibt.
Arithmetische Folgen sind seit Jahrtausenden bekannt und bergen eigentlich keine Geheimnisse mehr. Spannend wird es erst dann, wenn die Glieder einer arithmetischen Folge noch zusätzliche Eigenschaften haben sollen, wie das bei Primzahlen der Fall ist. Primzahlen sind ganze Zahlen, die größer als 1 und nur durch 1 und sich selbst ohne Rest teilbar sind. Die zehn kleinsten Primzahlen sind 2, 3, 5, 7, 11, 13, 17, 19, 23 und 29. Eine arithmetische Primzahlfolge mit fünf Gliedern ist beispielsweise 5, 17, 29, 41, 53. Der Abstand der Zahlen beträgt jeweils 12. Diese Folge läßt sich nicht verlängern,

denn das nächste Glied müßte 65 sein, und diese Zahl ist das Produkt aus 5 und 13 und somit keine Primzahl.

Wieviel Glieder sind möglich?

Wie viele Glieder kann eine arithmetische Primzahlfolge haben? Mit dieser Frage haben sich schon um 1770 der Franzose Joseph-Louis Lagrange und der Engländer Edward Waring beschäftigt. Im Jahre 1923 vermuteten der berühmte britische Mathematiker Godfrey Harold Hardy und sein Kollege John Littlewood, daß es keine Obergrenze für die Zahl der Glieder gebe. Doch es gelang ihnen nicht, das zu beweisen. Im Jahr 1939 gab es jedoch einen anderen Fortschritt. Der holländische Mathematiker Johannes van der Corput konnte schlüssig zeigen, daß es unendlich viele arithmetische Primzahlfolgen mit genau drei Gliedern gibt. Zwei Beispiele hierfür sind 3, 5, 7 und 47, 53, 59. Die längsten Primzahlfolgen, die man bisher kennt, haben 22 Glieder. Die erste dieser Folgen entdeckten Paul A. Pritchard, Andrew Moran und Anthony Thyssen im Jahr 1993. Sie beginnt mit der Zahl 11 410 337 850 553, und jedes weitere Glied ist um 4 609 098 694 200 größer als das vorhergehende. Eine zweite Primzahlfolge mit 22 Gliedern hat der Mathematiker Markus Frind im vergangenen Jahr gefunden. Ihre erste Zahl ist 376 859 931 192 959, und der Abstand zwischen den Gliedern beträgt 18 549 279 769 020.

Beweis auf 49 Seiten

In seinem Memoiren hat Hardy 1940 geschrieben, daß die Mathematik mehr als alle anderen Wissenschaften und Künste ein Spiel für junge Leute sei. Der 27 Jahre alte Ben Green von der University of British Columbia in Vancouver und der 29 Jahre alte Terence Tao von der University of California in Los Angeles scheinen ihm recht zu geben. Den beiden jungen Mathematikern ist es gelungen, die nach ihm benannte Vermutung von 1923 zu beweisen: Es gibt arithmetische Primzahlfolgen beliebiger Länge und außerdem zu jeder vorgegebenen Länge unendlich viele Folgen.

Eigentlich hatten Green und Tao nur beweisen wollen, daß es unendlich viele arithmetische Primzahlfolgen mit vier Gliedern gibt. Dazu betrachteten sie Mengen, die neben Primzahlen auch Beinahe-

primzahlen enthielten. Das sind Zahlen, die nur wenige Teiler haben
- beispielsweise die Halbprimzahlen, die Produkte aus genau zwei
Primzahlen sind. Dadurch konnten die beiden Mathematiker ihre
Arbeit wesentlich erleichtern, denn über Beinaheprimzahlen gab es
schon zahlreiche nützliche Theoreme. Schließlich erkannten sie, daß
ihr Verfahren viel mächtiger ist, als sie selbst angenommen hatten,
und sie bewiesen damit die Hardysche Vermutung.

Wer nun glaubt, man könne mit Greens und Taos Verfahren, des-
sen Darstellung immerhin 49 Seiten umfaßt, tatsächlich beliebig lange arithmetische Primzahlfolgen finden, wird enttäuscht sein. Der
Beweis ist nicht konstruktiv. Das heißt, die beiden Mathematiker
haben nur gezeigt, daß beliebig lange Folgen existieren, aber nicht,
wie man sie findet. [5, S. N1]

5 Primzahlsatz

Es wurde bereits erwähnt, dass es keine Primzahlen Formeln gibt.
Alle bisherigen Versuche sie zu ermitteln sind gescheitert.
Allerdings kann man zumindest die Anzahl der Primzahlen zur bestimmten Zahl N approximativ bestimmen. Diese Prozedur wird **Primzahlsatz** genannt.
Obwohl der Primzahlsatz sehr hochgestochen wirkt, ist er im Grunde eine eher bescheidene Sache. Der Satz gibt an, wie viele Primzahlen sich in einem bestimmten Zahlenbereich von Null bis N befinden.
Beispielsweise gibt es im Bereich von Null bis Hundert 25 Primzahlen.
Man bezeichnet die Anzahl der Primzahlen mit einer Funktion $\pi(x)$ - Der Buchstabe π hat hier nichts mit der Zahl $\pi = 3{,}14\ldots$ zu tun.
Es gibt zwei sehr ähnliche Darstellungen dieser Funktion:

5.1 Johann Carl Friedrich Gauß

F.Gauß[1] hat die folgende Näherungsformel gefunden

$$\pi(n) \sim \frac{n}{\ln n} \quad (\text{Anzahl der Primzahlen von} \quad 0 \quad \text{bis} \quad n.)$$

---

[1]Im Alter von 15 Jahren hat Gauß von seinen Vater ein Geschenk bekommen - die Logarithmentafel und eine Liste der Primzahlen bis zu 1 Million. Der junge Gauß ist vermutlich auf die Idee gekommen, diese beiden mathematischen Objekte zusammen zu fassen und das ist ihm auch gelungen.

Johann Carl Friedrich Gauß (latinisiert Carolus Fridericus Gauss; * 30. April 1777 in Braunschweig; † 23. Februar 1855 in Göttingen) war ein deutscher Mathematiker, Astronom, Geodät und Physiker.
Auf Gauß gehen die nichteuklidische Geometrie, zahlreiche mathematische Funktionen, Integralsätze, die Normalverteilung, erste Lösungen für elliptische Integrale.

und seine Vermutung

$$\lim_{n \to \infty} \frac{\pi(n)}{\frac{n}{\ln n}} = 1$$

die von J.Hadamard und Ch.J.de la Vallee-Poussin bewiesen wurde gilt heute als:

Der berühmte **Primzahlsatz**:

$$\boxed{\lim_{n \to \infty} \frac{\pi(n)}{\frac{n}{\ln n}} = 1}$$

Im Originaltext [4, S. 202] auf der Rückseite der Gaußens Logarithmentafel liest man in jugendlicher Schrift geschriebene Bemerkung "Primzahlen unter $a (= \infty) \dfrac{a}{\ln a}$ "

5.2 Adrien-Marie Legendre

$$\pi(x) = \frac{x}{\ln x - A(x)}$$

wobei

$$\lim_{x \to \infty} A(x) = 1,08366\ldots$$

5.3 Stärke Form des Prinzahlsatzes

Bessere Approximationen als $\dfrac{x}{\ln x}$ liefert der sogenannte integrallogarithmus der als

$$Li(x) := \int_2^x \frac{dt}{\ln t}$$

definiert wird.

Die Integraldarstellung für $Li(x)$ wird gewählt, weil die Stammfunktionen von $\dfrac{1}{\ln x}$ nicht elementar sind. Der Integrallogarithmus ist asymptotisch äquivalent zu $\dfrac{x}{\ln x}$ also auch zu $\pi(x)$.

Man kann sogar zeigen:

$$\pi(x) = Li(x) + \varepsilon_x \quad \text{(Fehlerabschätzung)}$$

5.4 Riemannsche Vermutung:

Unter Annahme der Riemannschen Vermutung, und nur unter dieser, kann man die Fehlerabschätzung zu

$$\pi(x) = Li(x) + \theta(\sqrt{x} * \ln x)$$

verbessern.

Dabei ist $\theta(\cdot)$ ein Landau-Symbol.

6 Kongruenz oder die Funktion Modulo

Diese sehr nützliche Funktion hilft uns bei dem Primzahltest.
Es sei m eine natürliche Zahl. Wenn zwei ganze Zahlen a und b bei Division durch m Rest lassen, wenn also

$a = um + r$ und $b = vm + r$ mit $u, v, r \in \mathbb{Z}$ und $0 \leqslant r < m$
dann nennt man a und b *kongruent modulo m* und schreibt

$$a \equiv b \bmod m \quad \textbf{oder} \quad a \equiv b \, (\bmod \, m)$$

Es gilt offensichtlich

$$a \equiv b \bmod m \quad \Leftrightarrow \quad m \mid a - b$$

Die Kongruenz modulo m ist eine Äquivalenzrelation i $\mathbb{Z}$, es gilt nämlich

$$a \equiv a \bmod m \quad \text{für alle} \quad a \in \mathbb{Z}$$

$$\text{aus} \quad a \equiv b \bmod m \quad \text{folgt} \quad b \equiv a \bmod m;$$

$$\text{aus} \quad a \equiv b \bmod m \quad \text{und} \quad b \equiv c \bmod m \quad \text{folgt} \quad a \equiv c \bmod m;$$

Beispiel:

$$10 \equiv 31 \, (\bmod 7)$$

Sowohl 10 geteilt durch 7 als auch 31 geteilt durch 7 ergeben den gleichen Rest 3 und sind damit kongruenz. [1, S. 119]

6.1 Gleichung und Kongruenz

Das Rechnen mit Kongruenzen sieht formal ähnlich aus wie jenes mit Gleichungen.

Es bedeutet zunächst $32 \equiv 17 \mod 5$, daß $32 - 17$ durch 5 teilbar ist; allgemein heißt [12, S. 66]

$$a \equiv b \, (\mathrm{mod} \, m) \qquad\qquad\qquad \text{daß gilt} \quad (6.1)$$

$$a - b = k * m \qquad \text{mit einer ganzen Zahl k oder mit k=0 .}$$

Die Kongruenzzeichen $\equiv$ darf stets gesetzt werden, wenn letztere Gleichung besteht, mit beliebigen k. Es ist also beispielsweise $7 \equiv 2(\mathrm{mod}5), 13 \equiv 8(\mathrm{mod}5)$ und $64 \equiv 29(\mathrm{mod}5)$

Zunächst scheint dies ein völlig überflüssiger Formalismus zu sein, denn (6.1) besagt nicht mehr als $a - b \equiv k * m$

Es ist jedoch (6.1) ein sehr praktischer Ausdruck, der dauert gebraucht wird:

$$a^r \equiv b^r \, (\mathrm{mod} \, m) \quad \text{mit } r = 0, 1, 2, 3...$$

Kongruenzsystem darf man nur dividieren wenn (k,m)=d - in Worten:wenn d der größte gemeinsame Teiler von k und m ist.

$$a \equiv b(\mathrm{mod} \frac{m}{d})$$

Noch ein zweites darf man hier nicht ohne weiteres: rechts und links die Wurzel ziehen.

Wie **praktisch** die Kongruenzrechnung für die Lösung bestimmter zahlentheoretische Fragen ist erhellt uns das folgende:

Beispiel:

Wie lautet die letzte Ziffer von 17^{246} ?

Zuerst eine nützliche Hilfsregel:

Jede Primzahl > 5 , zur vierten Potenz erhoben liefert eine Zahl mit Endziffer 1

$$246/4 = 61,5 \quad \text{int}(61,1) = 61 \tag{6.2}$$

$$4 * 61 = 244, \quad 246 - 244 = 2 \tag{6.3}$$

$$17^4 = 83521, \text{also} 17^4 \equiv 1 (\text{mod} \, 10) \tag{6.4}$$

$$17^2 = 289, \text{also} 17^2 \equiv 9 (\text{mod} \, 10) \tag{6.5}$$

$$17^{4*61} = 17^{244} \equiv 1^{61} \equiv 1 (\text{mod} \, 10) \tag{6.6}$$

Nach Multiplikation rechts und links mit $17^2 \equiv 9$ erhält man

$$17^{246} \equiv 9 \, (\text{mod} \, 10) \quad 9 \text{ - ist also die gesuchte Endziffer.}$$

7 Primzahltest

Einige Merkmale haben wir schon kennengelernt - die Primzahl ist keine gerade Zahl (außer 2) und muss die Endziffern 1, 3, 7, 9 aufweisen. Das sind nur oberflächliche Indizien. Um sicher zu sein, dividieren wir die Zahl durch die aus der oben erwähnten Reihe folgender Primzahlen.

7.1 Probedivision

Der einfachste Primzahltest ist die Probedivision. Dabei probiert man nacheinander, ob die Zahl N durch eine der Primzahlen zwischen 2 und $\sqrt{N}$ teilbar ist. Ist sie das nicht, dann ist es eine Primzahl. Die Probedivision ist jedoch viel zu aufwendig, so dass sie in der Praxis als Primzahltest nicht zum Einsatz kommt.

7.2 Der kleine Satz von Fermat

Pierre de Fermat (* in der zweiten Hälfte des Jahres 1607 in Beaumont-de-Lomagne, Tarn-et-Garonne; † 12. Januar 1665 in Castres) war ein französischer Mathematiker und Jurist.

Seine Hauptleistungen liegen auf dem Gebiet der Infintesimalrechnung und im Bereich der Zahlentheorie

Fermat gilt neben Descartes als Begründer der analytische Geometrie

Der kleine Satz von Fermat sollte eigentlich der Große heißen, ist aber nicht so populär wie sein „großer Bruder".

Ich bewundere die Fermatsche Formel in ihrer ursprünglichen verbalen Form, die sofort den Kern der Sache freigibt. Die Idee ist: Wenn eine natürliche Zahl (Basis) mit einer Primzahl potenziert wird, dann erhalten wir als Ergebnis wiederum die potenzierte Zahl (und das ist die schönste Überraschung) zwar nicht ganz explizit aber immer noch klar.

$$a^p \equiv a(\mathrm{mod}\, p) \tag{7.1}$$

Der Potenzwert wird so lange durch p dividiert bis der Rest kleiner als die Zahl p ist. Ist der Rest genau der potenzierten Zahl gleich, dann ist die Zahl p eine Primzahl (vorerst).

Beispiel:

$$a = 2 \quad \text{Basis}, \quad p = 7 \tag{7.2}$$

$$2^7 = 128 \tag{7.3}$$

$$128/7 = 7 * 18 + 2 \tag{7.4}$$

$$\tag{7.5}$$

Der Rest ist 2 und gleich der Basis. Also muss p eine Primzahl sein und tatsächlich ist sie das auch.

$$2^7 \equiv 2 (\mathrm{mod}\, 7) \tag{7.6}$$

7.2.1 Formel Mirabilis

Die außergewöhnlich nutzbare und im Grunde genommen einfache Formel wirkt in seiner verbalen Form etwas abstrakt: „Der Rest des Quadrats einer Zahl ist kongruent zum Quadrat des Restes dieser Zahl".
Dies ist aber in der mathematischen Notation relativ einfach. Man muss sich lediglich mit der Modulo Funktion vertraut machen. [1]

$$n^2 (mod\, m) \equiv [n(mod\, m)]^2 \tag{7.7}$$

Diese Regel ermöglicht uns, es zu vermeiden, riesige Potenzen auszurechnen z.B 2^{473}.
Nochmal die Fermatsche Formel in Varianten:

$$a^p = a\,(\mathrm{mod}\, p) \tag{7.8}$$

$$a^{p-1} = 1\,(\mathrm{mod}\, p); \tag{7.9}$$

$$a^p - a = 0\,(\mathrm{mod}\, p) \tag{7.10}$$

Die Vorgehensweise wird , wie gewohnt, an Beispielen erklärt.

7.2.2 Einführungs Beispiel

Nach dem "aufwärmenden Beispiel" können wir es wagen größere, primverdächtige Zahlen zu untersuchen. z.B: Ist die 331 eine Primzahl?

---

[1] siehe Fachliteratur

Das ist keine gerade Zahl und auch die Endziffer spricht nicht dagegen. Die Zahl ist auch nicht durch 3 teilbar, weil es ihre Quersumme ebenfalls nicht zulässt. Also nehmen wir jetzt den kleinen Satz des Fermat zu Hilfe. Der Einfachheit halber nehmen wir die Basis $a = 2$

$$2^{331} \equiv 2 \pmod{331} \quad ? \tag{7.11}$$

Die schon erwähnte Formel (7.7) ermöglicht uns, dank der modulo Funktion, das Vermeiden die großen Potenzen zu berechnen:

$2^1 = 2, \ |^2$

$2^2 = 4, \ |^2$

$2^4 = 16, \ |^2$

$2^8 = 256, \ |^2$ Der Potenzwet ist noch kleiner als unser Exponent 331

$2^{16} = 65536$

Da der Potenzwet größer als 331 ist, wird er mit der Funktion Modulo reduziert.

$$2^{16} \equiv 65536 (\mathrm{mod}\, 331) = ?$$

$$\frac{65536}{331} = 197,9939577...; int(197,9939577) = 197$$

$$197 * 331 = 65207; \quad 65536 - 65207 = 329 \quad \text{und das ist der Rest 329}$$

$$2^{16} \equiv 65536(\mathrm{mod}\, 331) = 329$$

$$2^{16} = 329 \mid^2$$

$$2^{32} = 329^2 \equiv 108241 (mod\, 331) = ?$$

$$\frac{108241}{331} = 327,012... \quad ; int(327,012...) = 327$$

$$327 * 331 = 108237 \quad ; 108241 - 108237 = 4 \quad \text{und das ist der Rest 4}$$

$$2^{32} = 4 \mid^2$$

$$2^{64} = 16 \mid^2$$

$$2^{128} = 256 \mid^2$$

$$2^{256} \equiv 65536(mod\, 331) = \mathbf{329}$$

mehr brauchen wir nicht potenzieren, unsere Potenz 2^{331} bekommen wir wie folgt:

$$2^{331} = 2^{(256+64+8+2+1)} = 2^{256} * 2^{64} * 2^8 * 2^2 * 2^1$$

$$2^{331} \equiv 329 * 16 * 256 * 4 * 2 (mod\, 331)$$

$$2^{331} \equiv 329 * 16 \ (mod\, 331) * 256 * 4 * 2 = 5264(mod\, 331) * 256 * 4 * 2$$

$$2^{331} \equiv 299 * 256 \ (mod\, 331) * 4 * 2 = 76544(mod\, 331) * 4 * 2$$

$$2^{331} \equiv 83 * 4 * 2 = 332(mod\, 331) * 2 = 1 * 2 = 2$$

$$2^{331} \equiv 2(mod\, 331)$$

Der Rest ist exakt gleich unserer Basis **a=2** und damit ist, nach der Fermatschen Formel, (7.8) die untersuchte Zahl p=331 eine

Primzahl.

7.2.3 Ausführliches Beispiel

Nun versuchen wir eine größere Zahl zu untersuchen z.B: **N=7603**
Sie ist keine gerade Zahl, nicht durch 3 teilbar (Die Quersumme kann
man nicht durch 3 teilen) und die Endziffer ist ungerade.
Um mehr Übung zu bekommen nehmen wir als Basis die Zahl 3.

$$3^{7603} \equiv 3 (\mathrm{mod}\, 7603) \quad ?$$

Die Formel (7.7) ermöglicht uns, dank der modulo Funktion, das
Vermeiden die großen Potenzen zu berechnen:

$$3^1 = 3, \; |^2$$
$$3^2 = 9, \; |^2$$
$$3^4 = 81, \; |^2$$
$$3^8 = 6561, \; |^2$$
$$3^{16} = 43046721 \quad \text{jetzt kommt die Funktion Modulo im Einsatz}$$
$$3^{16} \equiv 43046721 (\mathrm{mod}\, 7603) \quad ?$$

$$\frac{43046721}{7603} = 5661,807..; int(5661,807) = 5661$$

$$5661 * 7603 = 43040583; \quad 43046721 - 43040583 = 6138 \quad \text{und das ist der}$$

$$3^{16} = 6138, \; |^2$$
$$3^{32} \equiv 37675044 (\mathrm{mod}\, 7603) = \quad ?$$

$$\frac{37675044}{7603} = 4955,286..; \quad int(4955,286) = 4955$$

$$4955 * 7603 = 37672865; \quad 37675044 - 37672865 = 2179 \quad (\text{Rest})$$

$$3^{32} = 2179, \; |^2$$
$$3^{64} \equiv 4748041 (\mathrm{mod}\, 7603) = \quad ?$$

$$\frac{4748041}{7603} = 624,49..; \quad \text{int}(624,49) = 624$$

$$624 * 7603 = 4744272; \quad 4748041 - 4744272 = 3769 \quad (\text{Rest})$$

$$3^{64} = 3769, \ |^2$$

$$3^{128} \equiv 14205361 (\text{mod}\, 7603) = 2957 \quad (\text{Rest})$$

$$3^{128} = 2957 \ |^2$$

$$3^{256} \equiv 14205361 (\text{mod}\, 7603) = 399 \quad (\text{Rest})$$

$$3^{256} = 399 \ |^2$$

$$3^{512} \equiv 14205361 (\text{mod}\, 7603) = 7141 \quad (\text{Rest})$$

$$3^{512} = 7141 \ |^2$$

$$3^{1024} \equiv 50993881 (\text{mod}\, 7603) = 560 \quad (\text{Rest})$$

$$3^{1024} = 560 \ |^2$$

$$3^{2048} \equiv 313600 (\text{mod}\, 7603) = 1877 \quad (\text{Rest})$$

$$3^{2048} = 1877 \ |^2$$

$$3^{4096} \equiv 3523129 (\text{mod}\, 7603) = 2940 \quad (\text{Rest})$$

$$3^{4096} = 2940$$

Mehr brauchen wir nicht zu potenzieren, unsere Potenz 3^{7603} bekommen wir wie folgt:

$$3^{7603} = 3^{4096+2048+1024+256+128+32+16+2+1}$$

$$3^{7603} = 3^{4096} * 3^{2048} * 3^{1024} * 3^{256} * 3^{128} * 3^{32} * 3^{16} * 3^2 * 3^1$$

$$3^{7603} \equiv (2940 * 1877 * 560 * 399 * 2957 * 2179 * 6138 * 9 * 3)(\text{mod}\, 7603)$$

Das riesige Produkt auf der rechten Seite kann man paarweise mit der Funktion Modulo reduzieren.

$$3^{7603} \equiv 2940 * 1877 (\text{mod}\, 7603) * 560 * 399 * 2957 * 2179 * 6138 * 9 * 3$$

$$3^{7603} \equiv 5518380 (\text{mod}\, 7603) * 560 * 399 * 2957 * 2179 * 6138 * 9 * 3$$

$$3^{7603} \equiv 6205 * 560 (\text{mod}\, 7603) * 399 * 2957 * 2179 * 6138 * 9 * 3$$

$$3^{7603} \equiv 229 * 399 (\text{mod}\, 7603) 2957 * 2179 * 6138 * 9 * 3$$

$$3^{7603} \equiv 135 * 2957 (\text{mod}\, 7603) 2179 * 6138 * 9 * 3$$

$$3^{7603} \equiv 3839 * 2179 (\text{mod}\, 7603) 6138 * 9 * 3$$

$$3^{7603} \equiv 1881 * 6138 (\text{mod}\, 7603) 9 * 3$$

$$3^{7603} \equiv 4224 * 9 (\text{mod}\, 7603) * 3$$

$$3^{7603} \equiv 1 (\text{mod}\, 7603) * 3$$

$$3^{7603} \equiv 3 (\text{mod}\, 7603)$$

Der Rest 3 entspricht exakt der Basis 3 was gemäß dem kleinen Satz von Fermat Bedeutet: Die Zahl 7603 ist eine Primzahl.

Für größere Zahlen werden Computerprogramme eingesetzt und auch die Fermatschen Ideen werden weiterentwickelt (z.B: Miller-Rabin-Test). All das hilft jedoch nicht, die Primzahlen zu zähmen. Sie sind nach wie vor unberechenbar. Die Zahlen die den o.g. Test bestehen, aber keine Primzahlen sind, nennt man **Pseudoprimzahlen** (zur Basis 2). Wenn die „Täuschung" alle Basen betrifft, dann haben wir es mit einer sogenannten **Carmichael** - Zahlen zu tun. Die Kleinste ist **561**.

7.3 Fermat Faktorisierung

Zahlen kann man auch testen, indem man versucht die untersuchte Zahl zu faktorisieren.
Gelänge das, dann ist die Zahl keine Primzahl.

Diese Methode ist ein weiteres brillantes Verfahren Fermats aus seiner goldenen Zahlentruhe. Wie finden wir aber diese Faktoren? Die Probedivision, wegen des großen Aufwands, kommt nicht in Frage. Klar ist, die Faktoren müssen kleiner als die Zahl selbst sein und können sogar gleichwertig sein. In diesem Fall wird unsere Zahl N eine Quadratzahl und die Faktoren finden wir als Wurzel von

$$a = \sqrt{N}, \; b = \sqrt{N}, \; N = a * b = \sqrt{N} * \sqrt{N} = N$$

Obwohl diese Vorgehensweise nur für Quadratzahlen gültig ist, haben wir einen Hinweis bekommen - das Verfahren hat etwas mit den Quadratzahlen zu tun und das betrifft nicht nur die Zahl N, sondern auch die Faktoren! Es stellt sich die Frage: Wie verknüpfe ich die Zahl N, multiplikativ mit den Faktoren als Quadratzahlen? Der direkte Weg $a^2 * b^2 = N$ bringt uns nicht weiter, also versuchen wir einen kleinen Umweg über die Addition bzw. Subtraktion zu machen. Nur eine bekannte Formel (mit Quadratzahlen) verbindet die Subtraktion mit der Multiplikation - die einfache Binomische Formel

$$a^2 - b^2 = (a - b)(a + b)$$

Wenn wir die Zahl N als Differenz zweier Quadratzahlen darstellen können, dann haben wir sofort ihr Produkt.

$$N = a^2 - b^2 = (a - b)(a + b) \tag{7.12}$$

Die erste Quadratzahl muss größer als $\sqrt{N}$ sein, weil von ihr noch die zweite Quadratzahl abgezogen wird.

$$N = a^2 - b^2$$

und somit bekommen wir den exakten Wert von N.
Wenn wir von einer Quadratzahl (a^2) die Zahl N subtrahieren und als Ergebnis eine andere Quadratzahl bekommen, dann ist es so gut wie sicher, dass wir die Faktoren gefunden haben.

$$a^2 - N = b^2 \tag{7.13}$$

$$N = a^2 - b^2 = (a - b)(a + b) \tag{7.14}$$

Parktisch sieht das so aus:

Beispiel 1. N=8633

eine natürliche Zahl z.B: $N = 8633$

$$N = 8633 \Longrightarrow \sqrt{N} = 92,91 \qquad (7.15)$$

$$a_1 > 92,91 = 93 \Longrightarrow 93^2 = 8649 - 8633 = 16 \qquad (7.16)$$

$$93^2 - N = 4^2 \qquad (7.17)$$

$$N = 93^2 - 4^2 = (93 - 4)(93 + 4) = 97 * 89 = 8633 = N \qquad (7.18)$$

$$(7.19)$$

Also ist N keine Primzahl, weil sie aus zwei Faktoren $a = 97$ und $b = 89$ besteht.

Es ist nicht immer ganz einfach sofort beim ersten Versuch eine Quadratzahl zu finden 16

Wenn das nicht der Fall ist, müssen wir es mit der nächsten, um den Wert 1 größeren Zahl probieren

$$a_2 = a_1 + 1$$

Beispiel2. N=19109

$$N = 19109$$

$$\sqrt{N} = \sqrt{19109} = 138,23$$

$$a_1 > 138,23 = 139$$

$$139^2 = 19321 - 19109 = 212, \quad \text{keine Quadratzahl,}$$

$$a_2 = a_1 + 1 = 140$$

$$140^2 = 19600 - 19109 = 491, \quad \text{keine Quadratzahl,}$$

$$a_3 = 141, \Longrightarrow 141^2 = 19881 - 19109 = 772, \quad \text{keine Quadratzahl,}$$

$$a_4 = 142, \Longrightarrow 142^2 = 20164 - 19109 = 1055, \quad \text{keine Quadratzahl,}$$

$$a_5 = 143, \Longrightarrow 143^2 = 20449 - 19109 = 1340, \quad \text{keine Quadratzahl,}$$

$$a_6 = 144, \Longrightarrow 144^2 = 20736 - 19109 = 1627, \quad \text{keine Quadratzahl,}$$

$$a_7 = 145, \Longrightarrow 145^2 = 21025 - 19109 = 1916, \quad \text{keine Quadratzahl,}$$

$$a_8 = 146, \Longrightarrow 146^2 = 21316 - 19109 = 2207, \quad \text{keine Quadratzahl,}$$

$$a_9 = 147, \Longrightarrow 147^2 = 21609 - 19109 = 2500 = 50^2, \quad \text{na endlich!,}$$

$$147^2 - N = 50^2$$

$$N = 147^2 - 50^2 = (147 - 50)(147 + 50) = 97 * 197,$$

die gefundenen Faktoren sind $a = 97$, $b = 197$
Beispiel 3. N=937 eine bescheidene Zahl N=937

$$\sqrt{N} = \sqrt{937} = 30,61$$

$$a_1 > 30,61 = 31, \Longrightarrow 31^2 = 961 - 937 = 24, \quad \text{keine Quadratzahl,}$$

$$a_2 = 32 \Longrightarrow 32^2 = 1024 - 937 = 87, \quad \text{keine Quadratzahl,}$$

$$a_3 = 33 \Longrightarrow 33^2 = 1089 - 937 = 152, \quad \text{keine Quadratzahl,}$$

$$a_4 = 34 \Longrightarrow 34^2 = 1156 - 937 = 219, \quad \text{keine Quadratzahl,}$$

$$a_5 = 35 \Longrightarrow 35^2 = 1225 - 937 = 288, \quad \text{keine Quadratzahl,}$$

$$a_6 = 36 \Longrightarrow 36^2 = 1296 - 937 = 359, \quad \text{keine Quadratzahl,}$$

$$a_7 = 37 \Longrightarrow 37^2 = 1369 - 937 = 432, \quad \text{keine Quadratzahl,}$$

$$a_8 = 38 \Longrightarrow 38^2 = 1444 - 937 = 507, \quad \text{keine Quadratzahl,}$$

Weiter brauchen wir nicht mehr zu rechnen, denn das zweite gesuchte Quadrat $\sqrt{507} \simeq 22$ ergibt mit der Kombination des ersten

Quadrats (a=38) ein Produkt, das größer ist als unsere Zahl N=937. Das bedeutet nichts anderes als das, dass die untersuchte Zahl N=937 keine Faktoren beinhaltet und somit prim ist.

7.4 Fermats Quadratsumme

Eine weitere Möglichkeit Zahlen zu testen kommt natürlich auch von Fermat. Diese Methode erlaubt uns, eine Beurteilung zu treffen, ohne Wissen zu müssen wie die Faktoren aussehen.

Zur Erringung: Jede ungerade Zahl, also auch jede ungerade Primzahl, kommt in der Form 4k+1 oder 4k+3 vor.

Fermat Behauptung: Die Primzahlen in Form 4k+1 lassen sich in einer Summe zweier Quadratzahlen zerlegen und dass diese Zerlegung nur auf eine Weise möglich ist.

Das Verfahren ist also nur für Zahlen in der 4k+1 Form beschränkt Einige Beispiele sollen das Phänomen verdeutlichen.

$$11 = 4*2 + 3 = 8 + 3 \text{ keine Quadratzerlegung} \tag{7.20}$$

$$13 = 4*3 + 1 = 2^2 + 3^3 \tag{7.21}$$

$$59 = 4*14 + 3 = \text{keine Quadratzerlegung} \tag{7.22}$$

$$73 = 4*18 + 1 = 8^2 + 3^2 \tag{7.23}$$

Der Test erfolgt in drei Stufen:

1. Feststellung der Zerlegungsform - die Zahl muss in der Form 4k+1 dargestellt sein,

2. Suche das Quadratzahlenpaar - ähnlich wie bei der Faktorisierung, nur diesmal wird die Summe gesucht,

3. Suche das zweite Quadratzahlenpaar-wenn keine gefunden wird, dann ist die untersuchte Zahl prim.

ad.2

$$N = a^2 + b^2$$

$a < \sqrt{N}$, weil noch die zweite Quadratzahl addiert wird.

$$N - a^2 = b^2$$

7.4.1 Beispiele

Beispiel 1. N=541

$$541/4 = 135,25$$
$$541 = 4 * 135 + 1$$
$$\sqrt{N} = \sqrt{541} = 23,259..$$
$$a_1 < \sqrt{N} < 23,259 = 23$$

$a_1 = 23 \implies 23^2 = 521 \implies 541 - 521 = 12$ keine Quadratzahl,

$a_2^2 = 22^2 = 484 \implies 541 - 484 = 57$ keine Quadratzahl,

$a_3^2 = 21^2 = 441 \implies 541 - 441 = 100$ Quadratzahl,

Wir suchen noch nach dem zweiten Quadratzahlpaar.

$a_4^2 = 20^2 = 400 \implies 541 - 400 = 141$ keine Quadratzahl,

$a_5^2 = 19^2 = 361 \implies 541 - 361 = 180$ keine Quadratzahl,

$a_6^2 = 18^2 = 324 \implies 541 - 324 = 217$ keine Quadratzahl,

$a_7^2 = 17^2 = 289 \implies 541 - 289 = 252$ keine Quadratzahl,

Weiter brauchen wir nicht mehr zu rechnen, da Summe der Quadratzahlen sich im umgekehrter Reihenfolge ändert, wobei in keinem

folgenden Fall der exakte Wert unserer Zahl N erreicht wird.
Fazit: Die Zahl N=541 lässt sich nur in einer Quadratform darstellen, was zur Konsequenz hat, dass die Zahl 541 eine Primzahl ist.

7.5 Ein komplexes Beispiel

Zum Schluss noch ein etwas komplexeres Beispiel: N=561

7.5.1 Der kleine Fermat-Satz

I) Nach dem kleinen Fermatschen Satz: $a^p = a(mod\ p)$

$$2^{561} \equiv 2(mod\ 561)$$

$$2^1 = 2 \ |^2$$

$$2^2 = 4 \ |^2$$

$$2^4 = 16 \ |^2$$

$$2^8 = 256 \ |^2$$

$$2^{16} \equiv 65536(\text{mod}\ 561) = 460 \ |^2$$

$$2^{32} = 460^2 \equiv 211600(mod\ 561) = 103 \ |^2$$

$$2^{64} = 103^2 \equiv 10609(mod\ 561) = 511 \ |^2$$

$$2^{128} = 511^2 \equiv 260865(mod\ 561) = 256 \ |^2$$

$$2^{256} = 256^2 \equiv 65536(mod\ 561) = 460 \ |^2$$

$$2^{512} = 460^2 \equiv 211600(mod\ 561) = 103.$$

$$2^{561} = 2^{(512+32+16+1)} = 2^{512} * 2^{32} * 2^{16} * 2^1$$

$$2^{561} \equiv 103 * 103 * 460 * 2(mod\ 561) = 9760280 - 9760278 = 2$$

Das Ergebnis dieser ziemlich langen Berechnung ist 2 und nach dem kleinen Satz von Fermat ist die Zahl - 561 prim.

$$2^{561} \equiv 2 (mod\ 561)$$

Aber wie schon in dem Kapitel 7.2 erwähnt, ist die Zahl 561 eine Pseudoprimzahl, die zwar den Test besteht, aber in Wahrheit nicht prim ist.
Jetzt haben wir eine gute Gelegenheit, ein anderes Testverfahren in Anspruch zunehmen und zwar die Quadratmethode.

7.5.2 Fermat Quadratmethode. N=a^2 + b^2

$N = 561 = 4 * 140 + 1\ (4k + 1)$

$N = 561, \quad \sqrt{N} = 23,68, \implies a_1 = int(23,68) = 23$

$a_1 = 23 \implies 23^2 = 529 \implies 561 - 529 = 32$ keine Quadratzahl,

$a_2 = 22 \implies 22^2 = 484 \implies 561 - 484 = 77$ keine Quadratzahl,

$a_3 = 21 \implies 21^2 = 441 \implies 561 - 441 = 120$ keine Quadratzahl,

$a_4 = 20 \implies 20^2 = 400 \implies 561 - 400 = 161$ keine Quadratzahl,

$a_5 = 19 \implies 19^2 = 361 \implies 561 - 361 = 200$ keine Quadratzahl,

$a_6 = 18 \implies 18^2 = 324 \implies 561 - 324 = 237$ keine Quadratzahl,

$a_7 = 17 \implies 17^2 = 289 \implies 561 - 289 = 272$ keine Quadratzahl,

$a_8 = 16 \implies 16^2 = 256 \implies 561 - 256 = 305$ keine Quadratzahl,

An dieser Stelle unterbrechen wir die weitere Rechnung, weil sich die suchenden Quadratsummanden nur in umgekehrter Reihe ($a \rightleftarrows b$) wiederholen. Obwohl die Zahl N=561 in der Form 4k+1 auftritt, kann man sie nicht als Summe zweier Quadratzahlen darstellen und nach dem Quadratsatz von Fermat ist die Zahl N keine Primzahl.

Um das zu überprüfen wird noch die Fermatsche Faktorisierung durchgeführt, obwohl ganz offensichtlich ist, dass die Zahl 561 durch 3 teilbar ist (Quersumme ist durch 3 teilbar).

7.5.3 Fermat Faktorisierung

$$N = 561, \quad \sqrt{N} = 23,68, \implies a_1 > int(23,68) = 24$$
$$a_1 = 24 \implies 24^2 = 576 - 561 = 15 \text{ keine Quadratzahl,}$$
$$a_2 = 25 \implies 25^2 = 625 - 561 = 64 \text{ eine Quadratzahl,}$$
$$561 = 625 - 64 = 25^2 - 8^2 = (25 - 8)(25 + 8) = 17 * 33 = 17 * 11$$

und das war's

Die Pseudoprimzahl N=561 hat sich als eine zusammengesetzte Zahl entpuppt mit den Faktoren: $3, 11, 17$ und damit haben wir die Kompletten Zahlenuntersuchung erfolgreich zu Ende gebracht.

8 Primzahlzwillinge

Werden zwei unmittelbar benachbarte ungerade Zahlen ein Paar von Primzahlen, so spricht man von Primzahlzwillingen. Die einfache Formel lautet:

$$p_2 = 2 + p_1$$

Das kleinste Paar ist eigentlich 2 und 3 aber das ist die einzige Ausnahme, die die obige Definition nicht ganz erfüllt, jedoch auf der anderen Seite auch als "Ausnahme"die Definition bestätigt. Das nächste Paar ist natürlich 3 5 dann 5 7 und weiter 11,13;17,19 u.s.w.

Hier drängt sich automatisch die Frage auf: Gibt es unendlich viele Primzahlzwillinge? Man kennt zwar erstaunlich große Primzahlzwillinge, wie z.B 1000000000061 und 1000000000063 [14] aber ob ihre Anzahl unendlich ist, weiß man biosher nicht.

Nichtsdestotrotz sind wir ganz sicher, dass die Anzahl von Primzahltripletts beschränkt ist und zwar nur bis auf einen einzigen Fall.

Das Trippelt: 3,   5,   7

ist einmalig.

9 Primzahl Vermutungen

9.1 Riemannsche Vermutung

 Georg Friedrich Bernhard Riemann (* 17. September 1826 in Breselenz bei Dannenberg (Elbe); † 20. Juli 1866 in Selasca bei Verbania am Lago Maggiore) war ein deutscher Mathematiker, der trotz seines relativ kurzen Lebens auf vielen Gebieten der Analysis, Differentialgeometrie, mathematischen Physik und der analytischen Zahlentheorie bahnbrechend wirkte. Er gilt als einer der bedeutendsten Mathematiker seiner Zeit.

Wenn über Primzahlen sinniert wird, darf man den Namen Riemann nicht vergessen.

Für viele Mathematiker wird der deutsche Mathematiker Bernhard Riemann(1826-1866) nicht nur für die nichteuklidische Geometrie die sogenannte riemannsche Geometrie geschätzt, aber vor allem für seine Arbeit an den Primzahlen. Der Profesor für Mathematik an der Universität von Oxford Marcus du Sautoy schrieb sogar: Die Veröffentlichung eines zehnseitigen Artikels kennzeichnet eine kurze Periode der Zufriedenheit in Riemanns Leben, doch er sollte nie wieder zu den Primzahlen zurückkehren. Er folgte seiner geometrischen Intuition und entwickelte einen Formalismus der Geometrie, der später zu einem der Ecksteine in Einstein's Theorie der Relativität werden sollte. [11, S. 129]

Sein Ansatz, geschrieben im Jahre 1859 umfasst nur 10 Seiten [sic!] und beinhaltet eine Aussage über Primzahlen, die bis heute noch nicht bewiesen ist. Die Riemannsche Vermutung ist heutzutage das anspruchsvollste und gleichzeitig ungelöste mathematische Problem überhaupt.

Im Gegensatz zur anderen Vermutungen z.B der goldbachschen Vermutung, ist die Riemannsche sehr schwer in einem Satz zu formulieren. Ich gebe hier nur einige Stichworte zur Orientierung: Es handelt sich um komplexe Zahlen, die in eine ζ (Zeta) Funktion eingesetzt werden.

Die bedeutende Erkenntnis Riemann's, war der Zusammenhang zwischen Primzahlen und den Nullstellen seiner Zetafunktion. In seiner Arbeit beschäftigte er sich mit dem Auffinden eines analytischen Ausdrucks für die Primzahlfunktion $\pi(x)$.

Ganz abgekürzt lautet **die riemannsche Vermutung:Alle nicht nichttrivialen Nullstelen der komplexwertigen Zetafunktion haben den Realteil 1/2.**

Aus dem lapidaren Satz kann man nicht viel erfahren, mehr findet man in der Fachliteratur z.B [11]

Im Übrigen, Riemann sprach seine Vermutung ohne großes Aufheben aus. Die originale Formulierung lautet:

"Hiervon wäre allerdings ein strenger Bewies zu wünschen; ich habe indeß die Aufsuchung desselben nach einigen flüchtigen vergeblichen Versuchen vorläufig bei Seite gelassen, da er für den nächsten Zweck meiner Untersuchung entbehrlich schien".

Erst mit der Zeit nahm dieses Problem an Bedeutung an und wurde mittlerweile zu den anspruchsvollsten, ungelösten Aufgaben der ganzen Mathematik, erhoben.

9.2 Goldbachsche Vermutung

Die Goldbachsche Vermutung, benannt nach dem Mathematiker Christian Goldbach, ist eine unbewiesene Aussage aus dem Bereich der Zahlentheorie. Sie gehört als eines der Hilbertschen Probleme zu den bekanntesten ungelösten Problemen der Mathematik.

9.2.1 Die starke (oder binäre) Goldbachsche Vermutung

lautet wie folgt:
Jede gerade Zahl größer als 2 kann als Summe zweier Primzahlen geschrieben werden.
Mit dieser Vermutung befassten sich bis in die heutige Zeit viele Zahlentheoretiker, ohne sie beweisen oder widerlegen zu können. Tomás Oliveira e Silva zeigte mittels eines Verteiltes-Rechnen-Projekts mittlerweile (Stand April 2012) die Gültigkeit der Vermutung für alle Zahlen bis 4·1018. Ein Beweis dafür, dass sie für jede beliebig große gerade Zahl gilt, ist dies natürlich nicht. Nachdem der britische Verlag Faber Faber im Jahr 2000 ein Preisgeld von einer Million Dollar auf den Beweis der Vermutung ausgelobt hatte, wuchs auch das öffentliche Interesse an dieser Frage. Das Preisgeld wurde nicht ausgezahlt, da bis April 2002 kein Beweis eingegangen war.

9.2.2 Schwache (oder ternäre) Goldbachsche Vermutung

Die schwächere Vermutung
Jede ungerade Zahl größer als 5 kann als Summe dreier Primzahlen geschrieben werden.
ist als ternäre oder schwache Goldbachsche Vermutung bekannt. Sie ist teilweise gelöst: Denn einerseits gilt sie, wenn die verallgemeinerte Riemannsche Vermutung richtig ist, und andererseits ist gezeigt,

dass sie für genügend große Zahlen gilt (Satz von Winogradow, siehe Verwandte Resultate).

Am 13. Mai 2013 kündigte der peruanische Mathematiker Harald Helfgott einen mutmaßlichen Beweis der ternären Goldbachschen Vermutung für alle Zahlen $\geq 10^{30}$ an. Die Gültigkeit für sämtliche Zahlen unterhalb ist bereits mit Computerhilfe überprüft worden.

Aus der starken Goldbachschen Vermutung folgt die schwache Goldbachsche Vermutung, denn jede ungerade Zahl u kann als Summe u = (u-3) + 3 geschrieben werden. Der erste Summand (u-3) kann nach der starken Goldbachschen Vermutung als Summe zweier Primzahlen (a und b) geschrieben werden, womit eine Zerlegung von u in drei Primzahlen (a, b und 3) gefunden ist.

10 Die Größte und eine „edle" Primzahl

Derzeit ist die größte Primzahl, eine Zahl mit 22.338.618 (dezimalen) Stellen, die am 7. Januar 2016 mit einem CPU-Cluster der mathematischen Fakultät an der University of Central Missouri berechnet wurde.

Sie ist die $49te$ bekannte Mersenne-Primzahl (siehe[4.2]).

Diese Primzahl wurde im Rahmen eines Programms des GIMPS-Projekts auf den Rechnern von hunderttausenden freiwilliger Helfer gefunden.

Wegen ihrer enormen Größe kann man die Primzahl in Dezimalform nicht präsentieren.

In der Mersennsche Darstellung hingegen sieht sie ganz einfach aus:

$$p_{max} = 2^{74207281} - 1$$

Am Ende erwähne ich, meiner Meinung nach, noch die interessanteste Primzahl; nämlich die Elf, weil sie:

- die kleinste zweistellige Primzahl ist,

- die kleinste Palindromzahl [1](überhaupt), die auch eine Primzahl ist.

- sie zur Basis 2, 3 ergibt, die auch eine Primzahl ist.

---

[1]Palindromzahlen sind natürliche Zahlen, deren Zahlensystemdarstellung von vorne und hinten gelesen den gleichen Wert hat, z. B. 1331 oder 742247, aber auch 21 zur Basis 2 (=10101)

11 Schlusssentenz

Zum Schluss stelle ich noch einige der zahlreichen Sentenzen über die Mathematik vor:
"Mathematik ist eine Tätigkeit, die von Tätigkeit handelt. Sie ist nicht an ihr Ende gelangt - ja sie hat noch kaum begonnen auch wenn ihre Werke den Glanz von Monumenten haben mögen ".
Robert Kaplan.
Die Mathematik allein befriedigt den Geist durch ihre außerordentliche Gewissheit.
Johannes Kepler.
Und noch ein Satz von D.Hilbert:
Ein Problem aus der Zahlentheorie ist ebenso Zeitlos, wie ein Werk der Kunst.
MATHEMATIK, eine Definition:
Mathematik ist die Lehre von Beziehungen und Verhältnissen zwischen Zahlen im expliziten und impliziten Formen.
z.B. Der berühmte Satz des Pythagoras bestimmt die Beziehungen zwischen den Seiten im rechtwinkligen Dreieck. Die Seiten haben keine beliebigen Längen, sondern die stehen im streng geordneten Verhältnis zueinander:

$$a^2 + b^2 = c^2$$

12 Anhang - Was ist Mathematik

12.1 Präambel

Die Grundfrage lautet:
Ist die Mathematik ein Akt der Schöpfung oder eine Form des Entdeckens.
Anders formuliert: Existieren die mathematische Gesetze ewig wie die physikalischen Naturgesetze(z.B Gravitation, Ohmsches Gesetz), oder kann man sie als das Produkt des menschlichen Geistes betrachten?

12.2 Definition und Beschreibungen

Definition
Für die Mathematik gibt es keine allgemein anerkannte Definition; heute wird sie üblicherweise als eine Wissenschaft beschrieben, die durch logische Definitionen selbst geschaffene abstrakte Strukturen mittels der Logik auf ihre Eigenschaften und Muster untersucht.

Bei der Gelegenheit möchte ich noch meine persönliche Definition der **Mathematik** präsentieren:

Definition MATHEMATIK :

Mathematik ist die Lehre von Beziehungen und Verhältnissen zwischen Zahlen im expliziten und impliziten Formen.

Eines der berühmtesten Beispiele ist der Satz des Pythagoras, welcher die Beziehungen zwischen den Seiten im rechtwinkligen Dreieck bestimmt. Die Seiten haben keine beliebigen Längen, sondern stehen im streng geordneten Verhältnis zueinander: $\quad a^2 + b^2 = c^2$

Mathematik ist eine unglaublich schöne und faszinierende Beschäftigung. In ihren **abstrakten** Welten finden wir wundersame Objekte, tiefe Geheimnisse und jede Menge Magie.
Mathematik ist auch eine sehr nützliche Wissenschaft. Ohne sie können wir weder Häuser noch Flugzeuge bauen, noch unseren Internet-Datenverkher vor Lauschern schützen.
Aber das wirklich Interessante an der Mathematik liegt nicht so sehr in ihren Anwendungen. **Das wirklich Interessante ist die Mathematik selbst.** [13].

Mathematik [8] "wird spielerisch betrieben. Das ist ein **Spiel** gegen unbekannten Gegner - die richtige Lösung.
Es werden gewisse Züge ausprobiert. Die Züge sind klar definiert.
Man denkt Tage, Monate sogar Jahre nach bis die Lösung gefunden wird, und plötzlich sehen wir , dass die Lösung stimmt.
Der Moment der Entdeckung ist ein ungeheures Glücksgefühl."
Aber die meisten Regeln dieses Spieles sind, für die Ungeübten kaum zu erkennen und besonders für Ignoranten bzw. für Dilettanten, bleibt dieser Vorhang für immer geschlossen.

Die Aufgabe der Mathematik [8]ist es, ein Problem so gründlich zu durchdenken, es so klar zu strukturieren, es so gut zu beherrschen, dass man anschließend nur noch rechnen muss.
Mathematik ist die Kunst, das Rechnen zu vermeiden.

12.2.1 Abstraktion

Ich zitiere nur aus formalen Gründen, wie Wikipedia den Begriff der Abstraktion in der Mathematik beschreibt:
" In der Mathematik und der neueren Philosophie werden Abstrakta meist mit Äquivalenzklassen identifiziert. Ausgehend von einer gegebenen Menge K von Konkreta, sowie einer auf ihr erklärten Äquivalenzrelation. "
Die Aussagekraft dieses Zitats schätze ich als relativ gering ein. Meiner Meinung nach sind die Abstraktionen die Dinge, die im menschlichen Verstand entstehen und existieren. Sie sind in der Realität nicht direkt zu finden. Z.B. die Zahl Fünf.
Wie eine Fünf aussieht?
Nein nicht ihr Symbol: Weder das Zeichen 5 noch **V** noch fünf Finger, fünf Striche oder 5 Euro , einfach Fünf, nur Fünf.
Keine Vorstellung? Genau anschauen - es gibt sie gar nicht! Das Symbol, die Finger, die Striche, die Euro, schon, aber nicht die Fünf an sich.
Die wahre Fünf ist ein Abstraktes Konstrukt, eine virtuelle Errungenschaft.
Die Gemeinsamkeit zwischen Fünf Fingern und Fünf Mammut Schinken zu erkennen, war ohne Zweifel einer der größten Geistesblitze des Homo Sapiens.

Abstraktion ist uns Menschen nicht angeboren, sondern muss oft mit großen Schwierigkeiten, erst als ein Teil unserer intellektuellen Entwicklung erworben werden.

Zeit und Raum sind auch Abstraktionen [7]. Im dieser Hinsicht sind Raumkrümmung und Zeitdilatation in der Einsteinschen Relativitätstheorie eine hochentwickelte Absurdität.

Abbildung 12.1: Jan Matejko - " Stańczyk ", der einzige denkende
Mensch.

12.3 Mathematik als Wissenschaft

Wissenschaft

Mathematik griechisch:

$\mu\alpha\theta\eta\mu\alpha$

mathema = "Wissenschaft"

Mathematik ist die ursprüngliche Bezeichnung für Wissenschaft überhaupt. Sie entstand aus praktischen Problemen des Zählens, Messens, Rechnens und geometrischen Zeichnens. Heute ist es eine wichtige Aufgabe der Mathematik, mathematische Modelle zur Beschreibung von natur-, wirtschafts- und sozialwissenschaftlichen Erscheinungen bereitzustellen, die der numerischen Berechnung durch Computer zugänglich sind. "Hochtechnologie' ist im wesentlichen mathematische Technologie. ". Enquete-Kommission der Akademie der Wissenschaften. Entwicklung der Mathematik.

Das mathematische Denken entstand einerseits aus dem Zählen von Gegenständen (Finger, Hände), andererseits aus praktischen geometrischen Aufgaben (Landvermessung, Häuserbau). Eine der älteste Urkunden ist das Rechenbuch des Ahmes (1800 v.u.Z.) in Ägypten.

Der Papyrus Rhind ist eines der ältesten Nachweise für Beschäftigung mit Mathematik Er enthält viel von der Mathematik der Alten Ägypter zur Zeit der Pyramiden und besteht aus zwei ausgegrabenen Papyrus-Rollen, dem Papyrus Rhind und den Papyrus Moskau. Sie stammen etwa aus der 13./14. Dynastie, etwa 2000 bis 1700 vor der Zeitrechnung. Der Papyrus Moskau heißt nach seinem Aufbewahrungsort, dem Museum der Schönen Künste in Moskau. Wahrscheinlich ist der Moskauer Papyrus 200 Jahre älter als der Papyrus Rhind. Der Papyrus Rhind ist 5,5 m lang und 32 cm breit und ist auf beiden Seiten mit insgesamt 87 Aufgaben mit beispielhaften Lösungen beschriftet. Eine Tabelle, die für die ungeraden Zahlen n von 5 bis 101 die Darstellung von 2/n als Summe von Stammbrüchen darstellt, nimmt etwa ein Drittel des Papyrus ein. Der Papyrus Rhind ist benannt nach seinem ersten Besitzer von 1858: Alexander Henry Rhind. Der englische Ägyptologe findet das Schriftstück in Lu-

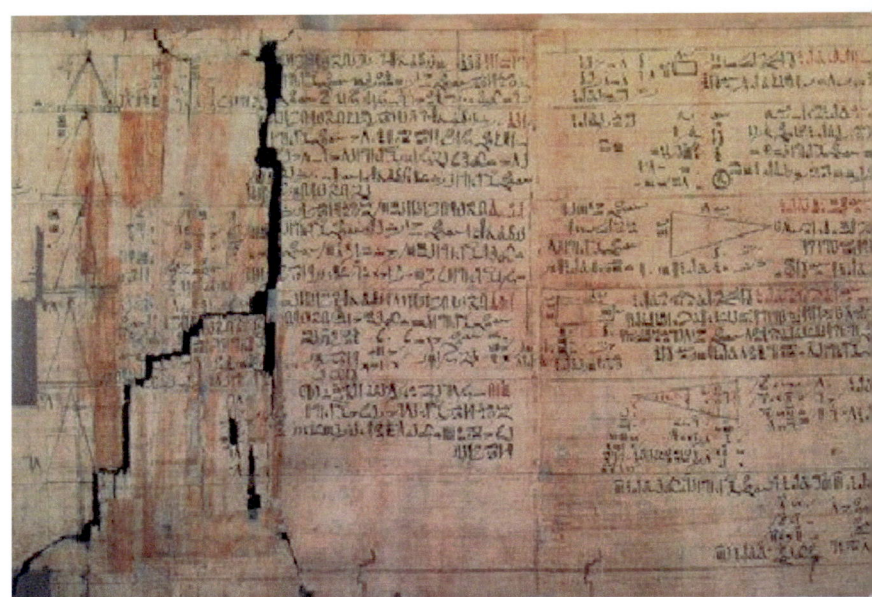

Abbildung 12.2: Papyrus Rhind

xor. Der Papyrus hat den richtigen Buchtitel: "Genaues Rechnen. Einführung in die Kenntnis aller existierenden Gegenstände und aller dunklen Geheimnisse."Der Autor ist der Schreiber Ahmes (A'hmose), der den Papyrus von einer älteren Vorlage abgeschrieben hat. Ahmes ist somit wahrscheinlich der älteste namentlich bekannte Rechenmeister. Im Papyrus Rhind befindet sich mit 256/81 = 3,16049... der erste bekannte Näherungswert für p; und erstaunlicherweise ein schon recht guter. In den letzten Jahren ist es üblich geworden, den Papyrus nach seinem Schreiber zu benennen, also Ahmes Papyrus.

Aber der Physiker Peter Ripota behauptet: Mathematik ist keine Wissenschaft.

Seine Begründung:

Mathematik ist keine Wissenschaft. Wissenschaften beschäftigen sich mit der Wirklichkeit und werden durch Experimente bestätigt (zumindest vorläufig) oder widerlegt (meist endgültig). Die Mathematik beschäftigt sich nicht mit der Wirklichkeit, sonder mit selbst geschaffenen Objekten wie Zahlen, Mengen, Gruppen, usw. Meinst sind das sehr abstrakte Gebilde, die durch exakte Definitionen und Regeln beschrieben werden.

Mathematische Erkenntnisse stützen sich niemals auf Experimente, sondern immer nur auf Beweise. Das sind streng geregelte Vorgehensweisen, wie man durch logische und mathematische Gesetze von bestimmten Voraussetzungen zu neuen Erkenntnissen gelangt. An der Wirklichkeit müssen diese Erkenntnisse nicht mehr überprüft werden; das genaue Aufzeigen des Wegs zu ihrer Konstruktion genügt. Die Mathematik ist also keine Wissenschaft, sondern eine Kunstform. Dass diese Kunstform " Mathematik " in der Wissenschaft äußerst nützlich angewandt werden kann, ist ein höchst eigenartiges Phänomen, über das sich manche Philosophen den Kopf zerbrochen haben.

Warum das so ist, weiß niemand so genau. [10]

Naturwissenschaft ist die Mathematik nicht. Das hat zumindest P.Ripota wohl gemeint, aber Wissenschaft ist durchaus ganz und gar Mathematik.

12.4 Bedeutende Mathematiker: Ladys first

 Sonja Wassiljewna Kowalewskaja, (1850 Moscow, 1891 Stockholm) war eine russische Mathematikerin, die 1884 an der Universität Stockholm die weltweit erste Professorin für Mathematik wurde, die selbst Vorlesungen hielt. Ihre in deutscher Sprache verfasste Dissertation veröffentlichte sie unter dem Namen Sophie von Kowalevsky geb. von Corvin-Krukovskoy.

ihre Arbeiten: *Theorie der partiellen Differentialgleichungen, Gestalt der Saturnringe und Klassen abelscher Integrale*

Kowalewskaja leistete nicht nur in der Mathematik Bedeutendes, sondern hatte auch mit ihren 1889 erstmals erschienenen Kindheitserinnerungen großen Erfolg. Politisch war sie ebenfalls aktiv und setzte sich für das Recht aller Frauen auf Ausbildung ein.

Sofjas Interesse für Mathematik entstand unter anderem durch mathematische Dokumente in ihrer häuslichen Umgebung. Als das Gut Palibino renoviert wurde, reichte die Tapete für das Kinderzimmer nicht mehr aus. Daher wurden die Wände dieses Zimmers mit Papier beklebt, das man auf dem Dachboden des Hauses gefunden hatte. So wurden die Wände von Sofjas Zimmer mit dem Skript einer Vorlesung von Michail Ostrogradski über Differential- und Integralrechnung, die ihr Vater in seiner Jugend gehört hatte, tapeziert. Mit diesen Skripten beschäftigte sie sich intensiv.

 Gottfried Wilhelm Leibniz (* 21. Ju-nijul./ 1. Juli 1646greg. in Leipzig; † 14. November 1716 in Hannover) war ein deutscher Philosoph, Mathematiker, Diplomat, Historiker und politischer Berater der frühen Aufklärung. Er gilt als der universale Geist seiner Zeit.

Seine mathematischen Leistungen liegen vor allem auf dem Gebiet de Infinite-simalrechnung und Formalisierung der Mathematik. Seine 1673 entwickelte

"Calculs"veröffentliche er 1682. Er enthält Differeziationszeichen, Regeln zum Differenzieren. 1686 folgte eine Arbeit, die das Integra-tionszeichen enthielt.

Zu Leibniz Nachlass steht immer noch eine offene Frage [1] .:
Warum tun sich die Deutschen so schwer alle Werke des weltbedeu-tensten Gelehrten herauszugeben? „Es ist erstaunlich, dass Deutsch-land, dem dieser Mann allein so viel Ehre macht wie Platon, Aristo-teles und Archimedes ihrem Heimatland zusammen, noch nicht das gesammelt hat, was aus seiner Feder hervorgekommen ist.

12.5 Mathematik als Kunst

Kunst
Die Mathematik ist zweifellos eine Wissenschaft, doch in den Bereich der Naturwissenschaften passt sie nicht. Dennoch wird die Mathe-matik auch durch ihre schönen Beweise und elegante Lösungen aus-gezeichnet. Also Schönheit vor Logik ist gewiss das zweite Haupt-merkmal dieser Disziplin

---

[1]mehr dazu auf: http://mathematikfreutphysik.npage.de/spektrum-der-wissenschaft-und-leibniz.html

So schildert der Mathematiker H.Hardy [6] die Schönheit der Mathematik:

Die Musters der Mathematiker müssen, wie die des Malers oder des Dichters, vor allen schön sein; die Ideen müssen sich, wie die Farben oder die Wörter, harmonisch zusammenfügen. Schönheit ist das allererste Kriterium.

Auf der Welt ist kein dauerhafter Platz für hässliche Mathematik...Es mag sehr schwer sein, mathematische Schönheit zu definieren, aber das gilt auch für jede Schönheit anderer Art. Wir wissen vielleicht nicht, was wir mit einem Schönen Gedicht meinen, aber das hindert uns nicht daran ein solches zu erkennen, wenn wir es lesen.

Und noch ein Satz von D.Hilbert: *Ein Problem aus der Zahlentheorie ist ebenso Zeitlos, wie ein Werk der Kunst.*

12.5.1 Was ist schön an der Mathematik

Mathematische Schönheit; was ist das überhaupt?

Um es ganz kurz anzudeuten, so kommen da zwei Elemente zusammen: Die Überraschung und die Einfachheit.

Die mathematischen Probleme werden in der Regel mit großer Mühe und Anstrengung gelöst.

Um das Ziel zu erreichen, werden komplexe und komplizierte Methoden eingesetzt(verwendet).

Die erreichte Lösung ist dagegen überraschend simpel, seine kurze, lapidare Form drückt die mathematische Schönheit aus. Für einen erstaunten Betrachter ist das zweifellos ein ästhetisches Erlebnis.

Ein Paradebeispiel liefert uns die große Überraschung aus der mathematischen Analysis:

$$\int e^x dx = \frac{d(e^x)}{dx} = e^x$$

Mathematische Schönheit ist also: **überraschende Einfachheit.**

Dürers Selbstporträt als Zeichen der Verschmelzung von Wissenschaft und Kunst.

Abbildung 12.3: Albrecht Dürer. Kunst und der Goldener Schnitt.
Goldenes Dreieck und goldenes Trapez.

12.6 Konklusionen und Sententzen

Nach unseren Recherchen ist Mathematik sowohl eine strenge Wissenschaft als auch eine subtile Kunst.

Sie ist, wie die Engländer sagen würden: Gleichzeitig Science und Art.

Man kann auch sagen: Sie ist wie ein Diamant - hart und schön .

12.6.1 Wie die Mathematiker aussehen?

Das beschreibt, meiner Meinung nach, am besten Prof.A.Beutelspacher: Mathematiker sehen nicht anders aus als andere Menschen und wir werden sie nicht so ansehen, als würden sie in höheren „Sphären schweben. "... aber ganz sicher ist dass:

- unordentliche Kleidung,

- ungepflegte Harre,

- schlechtes Benehmen

keine Voraussetzung für geistige Höhenflüge sind.

Aber eines ist auch richtig: Forscher überwinden Grenzen. Sie betreten neue Gebiete, sie sehen etwas was nie jemand vor Ihnen gesehen hat. Das gilt auch für mathematische Forscher. Die Grenzen, die sie überschreiten, sind geistige Grenzen, die Gebiete, die sie erforschen sind geistige Gebiete. Es sind neue Gebiete, die sie sehen, dafür muss man die Dispositionen haben, dafür muss man den entsprechenden Charakter haben." [2]

Notizen1

Notizen2

Abbildung 12.4: Der Autor

Josef Fojcik, geboren 1945 in Oberschlesien, ist kein Berufsmathe-
matiker, sondern ein Amateur, der lediglich bei dem Ingenieurstudi-
um einige Semester Mathematik absolviert hat.
Später jedoch beschäftigte er sich autodidaktisch intensiver mit aus-
gewählten mathematischen Gebieten unter anderem der Zahlentheorie.

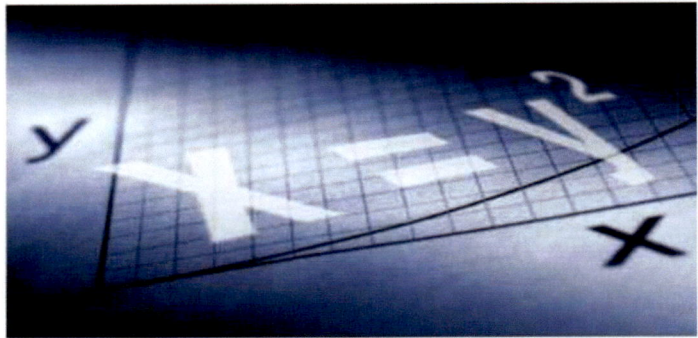

Josef Fojcik

Meine

Algebra

Aufgaben

Nicht einfach aber simpel

Ausführliche LÖSUNGEN:

- Nichtlineare Gleichungen
- Komplexe Zahlen
- Nichtlineare Ungleichungen
- Betrags (Un)Gleichungen
- Verschiedenen Aufgaben

Abbildung 12.5: http://fojcik.jimdo.com/mathematik/
http://mathematikfreutphysik.npage.de/index.html

Literaturverzeichnis

[1] H.Scheid A.Frommer. Zahlentheorie. *Spektrum*, 2007.

[2] Albrecht Beutelspacher. Was ist dabei eigentlich schoen. *Mathematik zu Anfasen*, 2011.

[3] GemeinsArbeit. Mathe. *web.math-lexikon.at*, 2014.

[4] Julian Havil. Gamma. *Springer*, 2007.

[5] Heinrich Hemme. Primzahlen ohne ende. *Frankfuter Allgemeine Zeitung*, 2004/155.

[6] H.Hardy. A mathematicians apology. *niewiem*, 1940.

[7] K.Poper. Logik der forschung. *Mohr Siebeck*, 2012.

[8] Matthias Kreck. Das zahlenspiel mathematik und wirklichkeit. *Tv-nano*, 2011.

[9] M.Miller. Geloeste und ungeloeste mathematische probleme. *Verlag Harri Deutsch*, 1989.

[10] P.Ripota. Ist mathemathe eine wissenschaft. *PM-Magazin*, 1995.

[11] Marcus Sautoy. Diei musik der primzahlen. *dtv wissen*, 2006.

[12] T.Kempermann. Zahlentheorische kostenproben. *Verlag Harri Deutsch*, 1995.

[13] T.Vasek. Editorial. *PM-Magazin*, 2008/1.

Literaturverzeichnis

[14] W.Dunham. Mathemathe von a-z page 360. *Birkhaeser Verlag*, 1966.

Bildquelle: Wikipedia.de